孤独星球·童书系列

城市里的野生动物朋友

隐蔽大师

CHENGSHI LI DE
YESHENG DONGWU PENGYOU · YINBI DASHI

澳大利亚孤独星球出版公司 著
叶少红 译

接力出版社
Publishing House

桂图登字：20-2019-051

Translated from Wild in The City
September 2019, by Lonely Planet Global Limited. ©Lonely Planet 2019
Simplified Chinese Edition © Jieli Publishing House Co., Ltd. 2021

图书在版编目（CIP）数据

城市里的野生动物朋友．隐蔽大师 / 澳大利亚孤独星球出版公司著；叶少红译．— 南宁：接力出版社，2021.5

（孤独星球．童书系列）

ISBN 978-7-5448-7106-8

Ⅰ．①城…　Ⅱ．①澳…②叶…　Ⅲ．①动物—儿童读物　Ⅳ．①Q95-49

中国版本图书馆 CIP 数据核字 (2021) 第 053621 号

责任编辑：朱晓颖　　文字编辑：张丽君　　美术编辑：王　雪
责任校对：王　蒙　　责任监印：陈嘉智　　版权联络：王燕超
社长：黄　俭　　总编辑：白　冰
出版发行：接力出版社　　社址：广西南宁市园湖南路 9 号　　邮编：530022
电话：010-65546561（发行部）　　传真：010-65545210（发行部）
http：//www.jielibj.com　　E-mail：jieli@jielibook.com
经销：新华书店　　印制：北京尚唐印刷包装有限公司
开本：889 毫米 × 1194 毫米　1/16　　印张：3　　字数：30 千字
版次：2021 年 5 月第 1 版　　印次：2021 年 5 月第 1 次印刷
定价：40.00 元
审图号：GS（2021）1421 号
书中所有插图系原版插图

目 录

4 神奇动物在哪里

6 变装魔术师：地毯变色龙

11 林中彩虹：彩虹吸蜜鹦鹉

17 暗夜飞虎：欧亚雕鸮

21 慢动作大师：褐喉树懒

26 超人气水手：江獭

32 温柔的巨虫：惠灵顿树沙螽

36 勤劳的农夫：无刺蜂

40 词汇表

神奇动物在哪里

北
冰
洋
欧洲
赫尔辛基
亚洲
非洲
太
平
洋
新加坡
塔那那利佛
大洋洲
悉尼
惠灵顿
印
度
洋
哺乳动物
爬行动物和两栖动物
昆虫
鸟类

变装魔术师：
地毯变色龙
马达加斯加，塔那那利佛

马达加斯加岛是地球上生物多样性最丰富的地区之一。从外形怪异的昆虫到惹人喜爱的环尾狐猴，这里是各种各样怪异而神奇的动物的家园。但是随着城镇的发展，珍贵的动物栖息地正在丧失，许多独特的物种陷入困境。在马达加斯加的首都，有一种坚强的爬行动物正在与这种困境抗争，它就是地毯变色龙——它以鼓出来的眼睛，长长的、黏黏的舌头以及不可思议的变色能力而闻名。

拉丁名： *Furcifer lateralis*

分类： 避役科（变色龙）

体长： 17—25 厘米

保护现状： 无危

分布： 马达加斯加

城市生活

像变色龙这样的动物可以在城市中的小片森林中生存，在那里，更大的动物，比如狐猴早就消失了。在塔那那利佛，你可以在市中心的齐姆巴扎动物园内、在植物繁茂的花园中和道路旁的植被丛中发现地毯变色龙。

告示牌警告司机放慢车速，这样变色龙就可以安全地过马路。

变色

你可能会以为变色龙改变皮肤的颜色是为了融入周围的环境。事实上，它们并不是为了躲藏，而是在交流——让同类知道自己的心情，为了捍卫自己的领地，或者寻找伴侣。一只愤怒的变色龙可能会从浅绿色变成亮黄色；而要吸引伴侣的注意，变色龙可能会变成彩虹色。

雄性变色龙不会打架，而是通过激烈的变色比赛一较高下。

获胜者就是拥有最动人色彩的那只。

处于危险中的变色龙

失去森林家园并不是变色龙面临的唯一风险。每年，有成千上万的野生动物被人们捕获并作为宠物出售。由于人们不知道如何妥善照顾它们，许多变色龙失去了生命。

在摩洛哥，有人认为变色龙具有神奇的魔力。在这座城市的露天市场，有人公开售卖它们，用于制作药剂或施展“魔法”。

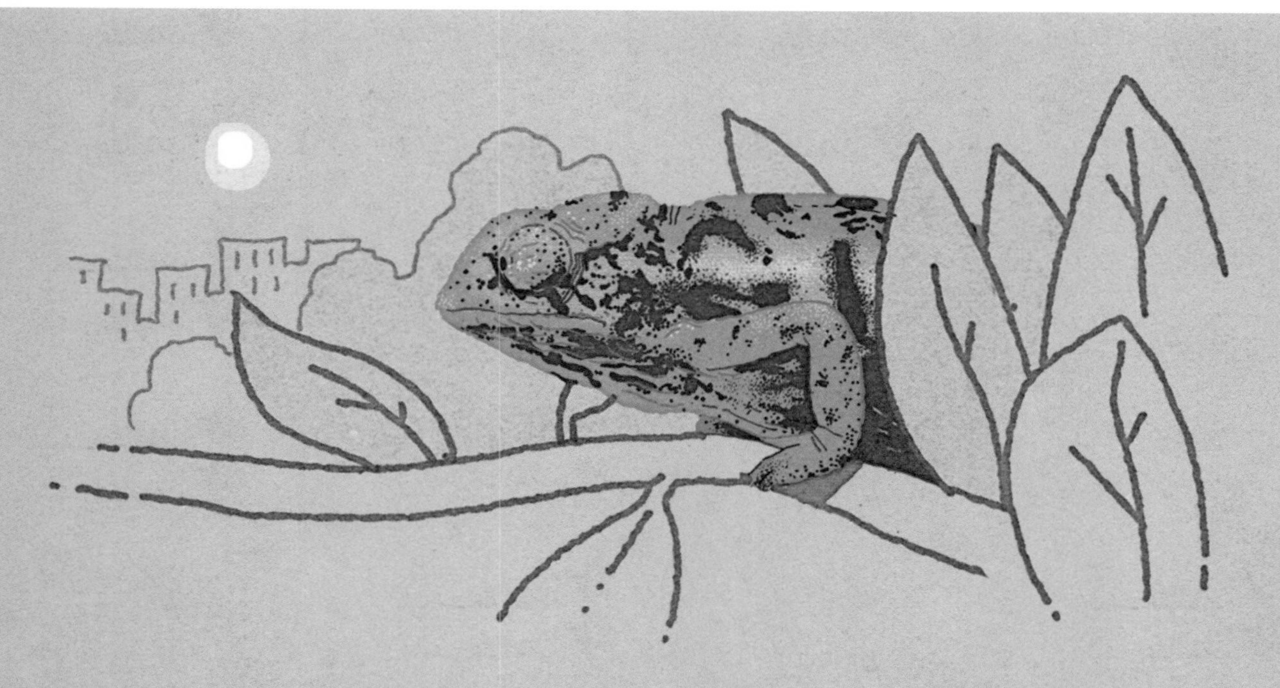

发现变色龙

在哪儿能看到它们？

变色龙很害羞，喜欢藏在树林、灌木丛和矮树丛中。

何时能看到它们？

在白天，它们最活跃。

倾听它们的声音

变色龙大部分时间是沉默的，但有时会发出嗞嗞声。

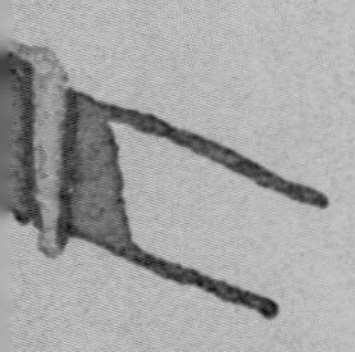

拉丁名： *Trichoglossus moluccanus*

分类： 鹦鹉科（鹦鹉）

体长： 25—30 厘米

翼展： 45—46 厘米

保护现状： 无危

分布： 澳大利亚部分地区

林中彩虹：
彩虹吸蜜鹦鹉
澳大利亚，悉尼

悉尼永远不缺野生动物：巨大的蝙蝠在郊区的无花果树林中出没，负鼠潜入阁楼，超大个儿的蜘蛛和蟑螂在门廊下爬来爬去。悉尼最受欢迎的鸟类居民就是装扮得像小丑一样的彩虹吸蜜鹦鹉。每天大清早，当渡船运送着人们穿过海港时，这些色彩斑斓的鹦鹉在著名的悉尼歌剧院上空排成一队，叫个不停，然后聚集在树上，取食花蜜和花粉。

游客喜欢阳光明媚的悉尼，因为这里有可以冲浪的海滩及友善的居民。

港口附近的大海里生活着各种海洋生物——从甲壳类动物和水母到海豚、鲸和鲨鱼。

摩天大楼之间有许多公园和花园，整个城市都被国家公园环绕着。

城市生活

在澳大利亚东海岸的所有城镇，都可以看到彩虹吸蜜鹦鹉。它们主要以水果、花粉和花蜜为食，而悉尼到处都是开花的树木，可供它们取食。它们还是灵活的飞行者，可以轻松地在建筑物和其他障碍物之间闪避绕行。

彩虹伪装

虽然彩虹吸蜜鹦鹉色彩鲜艳，但是它们出奇地擅长隐藏自己。背部和尾巴上的绿色羽毛有助于它们躲藏在树叶茂密的树林中。蓝色的头部接近天空的色彩，明亮的腹部和喙看上去很像花朵。只有喧闹的喳喳喳的叫声才能暴露它们。

它们与美花红千层树的花朵、树叶完美地融为一体了。

舌刷

彩虹吸蜜鹦鹉吸取花蜜和花粉时，有一个独门绝技，就是利用像鬃毛刷一样的长长的舌尖把花蜜和花粉刮取下来。

一只悉尼彩虹吸蜜鹦鹉的一天

就像悉尼的通勤者一样，这里的彩虹吸蜜鹦鹉也有严格的作息时间表。

它们一天的生活是从栖息地穿过城市到达觅食地开始的。清晨天气凉爽，这是它们最繁忙的时间。

在澳大利亚的阳光下飞了几个小时后，很重要的一件事就是要补充水分，于是它们又飞到水边纳凉饮水。

随着白天气温的上升，它们可能会停下来休息或者进行社交活动。人们经常听到它们在树上“争吵”，或者看到它们在水池中冲凉。

下午，它们会继续进食，然后在日落时与同伴一起飞回家。

在抢占了最佳的栖木后，它们的公共栖息地就该“熄灯”了。高大的桉树树干上的孔洞就是它们最好的巢穴。

逃跑的鹦鹉

红领绿鹦鹉可能是世界上分布范围最广泛的鹦鹉。它们原产于南亚和中非，现在可以在欧洲、美国、南非、埃及和西亚的一些城市中找到。其中许多是逃跑的宠物或者被放生的宠物留下来的后代。

在它们的原产地印度，红领绿鹦鹉会用尖利的喙撕开铁路仓库中的谷物袋。

布鲁克林的鹦鹉

在美国纽约的布鲁克林，野生的和尚鹦哥在街道上搭建出小汽车一般大小的巢穴。这种鸟原产于南美洲，有人认为，一些和尚鹦哥在 20 世纪 70 年代从纽约肯尼迪国际机场的集装箱中溜出来，从此在这里自由地生活。

甚至有人看到它们在树林中吃比萨饼。

鹦鹉乐园

彩虹吸蜜鹦鹉并不是悉尼唯一的一种鹦鹉。漂亮的粉红凤头鹦鹉在悉尼郊区的树林中活动，喧闹的葵花凤头鹦鹉则从大清早开始就叫个不停。

“城市老居民”凤头鹦鹉学会了如何打开垃圾箱和从厨房窗户闯入室内搜寻坚果。

发现鹦鹉

在哪儿能看到它们？

有高大树木和开花植物的花园和公园。

何时能看到它们？

清晨，当它们离开巢穴时；傍晚，当它们返回巢穴时。

倾听它们的声音

刺耳的尖叫声、高亢的口哨声和像人喋喋不休般的鸣叫声。

长有羽毛的
耳孔背面有一个
翻盖，因此它可
以听到来自背后
的声音。
圆圆的面
盘将声音传入
它的耳孔内。
一双大大的橙
色眼睛帮助它在黑
暗中看清四周。
棕色、白色和黑色相
间的羽毛适于伪装。
强有力的爪子

暗夜飞虎：
欧亚雕鸮
芬兰，赫尔辛基

现在是赫尔辛基市中心的交通高峰时间。下班的人们匆匆忙忙赶往家中，电车的铃声叮当响个不停。在这个喧哗城市的上空，一个雕鸮家族栖息在屋顶上，窥视着下面的场景。雕鸮妈妈守护着雏鸟，雕鸮爸爸展开它那巨大的翅膀，悄无声息地俯冲下来，去捕捉鼠兔和岩兔。

雕鸮的听力很好，它们可以听到远处的动物在树叶下急速奔跑的沙沙声，或者鸟类羽毛扇动的声音。

雕鸮的翼展接近2米，比大多数成年人的臂展还要宽。

雕鸮甚至可以听到动物在雪下移动的声音。

拉丁名： *Bubo bubo*

分类： 鸱鸮科（猫头鹰）

体长： 80厘米以上

翼展： 1.4—1.8米

保护现状： 无危

分布： 欧洲和亚洲

城市生活

在野外，雕鸮生活在乱石嶙峋的悬崖上面或者森林中，但是城市生活也有很多好处。建筑物是狩猎和营巢的好地方，雕鸮可以在那里观察和倾听猎物，而且城市里有各种各样的小动物可以捕食。在赫尔辛基，公园里到处都是鼠兔和岩兔。

观鸟者蜂拥至附近一家酒店的屋顶，偷偷地观察雕鸮。

一个雕鸮家族在火车总站对面的购物中心顶层安了家。

一只名为“尤达”的雕鸮一直在帮助英国巴斯大学驱赶讨厌的海鸥。

驱鸟“专家”

人们用专门训练过的雕鸮来吓走那些爱惹麻烦的海鸥，海鸥总是到处留下粪便，并从更小的鸟类和人类那里抢夺食物。

年度最佳公民

在 2008 年欧洲杯预选赛中，一只热爱足球的雕鸮突然飞入赫尔辛基体育场。之后芬兰队赢得了比赛，这只绰号为“布比”的雕鸮被评为“年度最佳公民”。

芬兰国家足球队太喜欢他们的吉祥物布比了，他们把球队的名称改成了“芬兰雕鸮队”。

雕鸮不像其他鸟类那样在飞翔时发出很大的拍动翅膀的声音。它们柔软的羽毛有助于消除声音，因此它们能悄无声息地扑向猎物。

空中飞虎

雕鸮有时被称为“飞虎”，这是因为它们体形巨大，性格凶猛，能捕食像狐狸那么大的动物。它们用爪子抓住猎物，然后折断猎物的脖子，或者将它们压死。小一些的动物会被整个吞下，大的猎物会被撕成小块。

发现雕鸮

在哪儿能看到它们？

它们栖息于建筑物、电线杆和教堂塔楼上。在市中心的公园和公墓，以及其他绿地区域都能看到它们。

何时能看到它们？

白天在高处栖息，晚上在城市上空捕猎。

倾听它们的声音

雕鸮在黑暗中会发出鸣叫。它们的叫声从低沉、拉长的“**喔——喔**”声到高亢的吠叫声都有。在月光明亮的夜晚，它们更喜欢鸣叫。

猎物有些部分是雕鸮无法消化的，比如骨头、皮肤和羽毛，它们又会被吐出来，形成小球。通过观察这些小球，你可以推测出雕鸮晚餐吃了什么。

巴拿马的大都会自然公园
里有 300 多种动物，包括猴
子、食蚁兽、巨嘴鸟和鬣蜥。
装满宝藏的
西班牙大帆船在
过去常常驶入这
座城市的港口。
与身体相
比，它们的头
部太小了。
树懒的嘴角向
上翘起，看起来好
像一直在微笑。

褐喉树懒每只脚上有三根趾，非常适合钩在树枝或藤蔓上。

慢动作大师：褐喉树懒

巴拿马，巴拿马城

过去，随着往返于欧洲和美洲各地运送宝藏的航线日渐繁忙，巴拿马城成了海盗的“天堂”。如今，它已成为一座现代化的大都市，拥有闪闪发光的玻璃摩天大楼、钢塔和繁忙的交通。它也是世界上少数几个拥有树懒的城市之一，在那里你会看到褐喉树懒在树梢上倒吊着向你微笑，要么就是悬挂在晾衣绳上或者缓慢爬过街道。

绿藻生长在树懒的皮毛上，有助于树懒与森林融为一体。

树懒是地球上移动速度最缓慢的动物之一。它们大约百分之九十的时间都是完全静止的。

拉丁名：*Bradypus variegatus*

分类：树懒科（三趾树懒等）

体长：42—80 厘米

保护现状：无危

分布：中美洲地区和南美洲的部分地区

城市生活

在繁忙的大都市中，你绝不会料到能邂逅喜欢丛林生活的树懒。但就在巴拿马城中部，一片茂密的热带雨林里生活着树懒，这片雨林位于大都会自然公园。树懒大部分时间都在公园里嚼树叶，但有时它们迷路了，就会进入城市，有些甚至会进入当地居民的花园。

陷入困境的树懒

对树懒来说，这座城市太危险了。高压电线的电击以及川流不息的交通都是致命的威胁。它们过马路需要三分多钟的时间。当新建的道路将树懒的森林家园一分为二时，树懒不得不让肚皮贴着地面穿过街道，去往道路另一侧的丛林。

出行

长长的爪子和虚弱的后腿让树懒在地面上行走非常困难。但是它们有一些特殊的技能，可以帮它们在城市里四处活动。

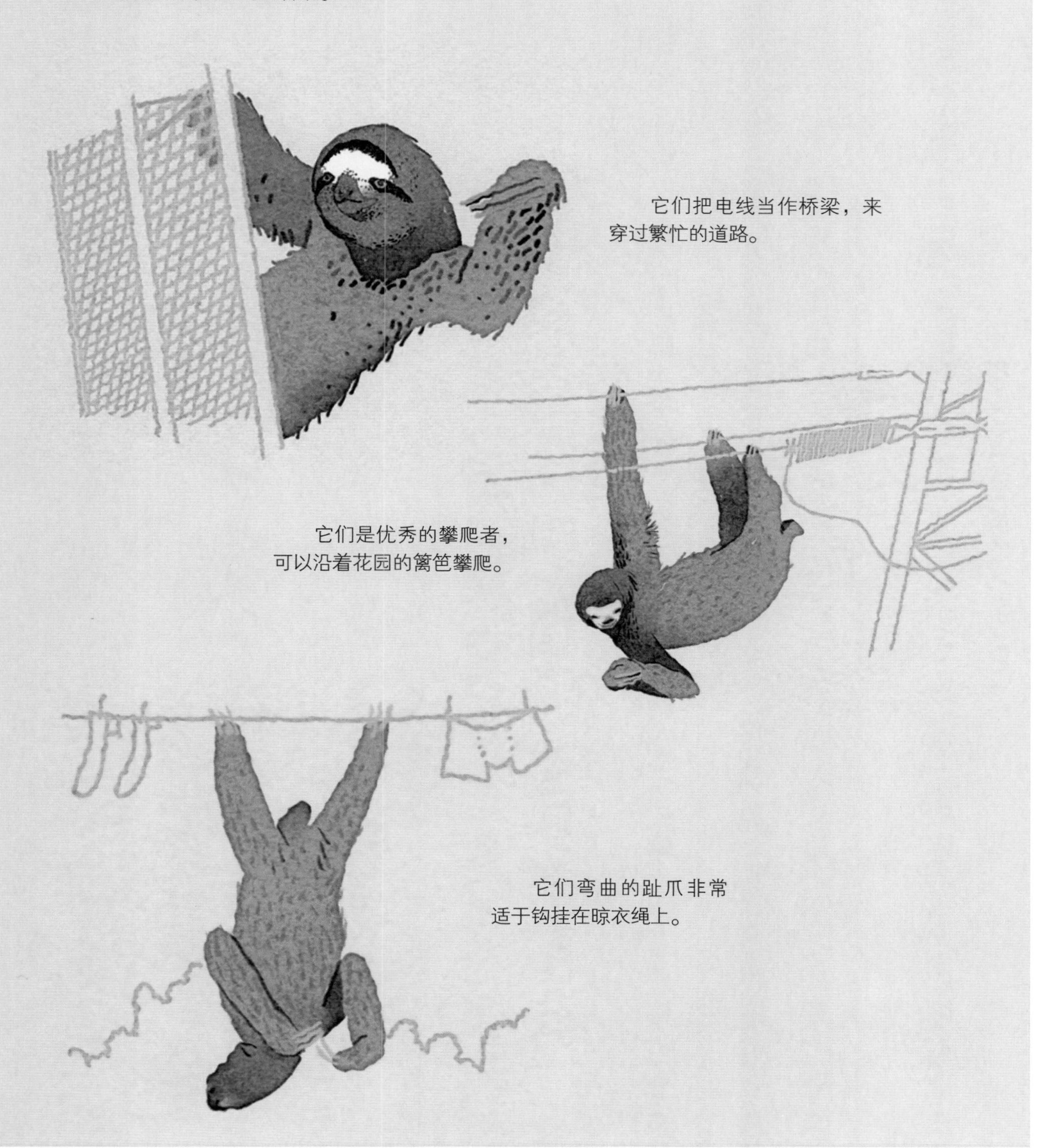

它们通常每周只离开树梢一次，就是去上厕所。

慢节奏的生活

树懒之所以行动迟缓，是因为它们有吃树叶的饮食习惯。叶子含有的能量很少。树懒通过吃大量的叶子并尽可能减少活动来应对获取能量不足的问题。当它们必须活动时，它们移动得也非常缓慢。

树懒的抓握力像老虎钳那样有力，当受到威胁时它们会变得十分暴躁！

救助树懒

野生动物救援者经常帮助陷入困境的树懒，帮助它们返回树上家园。如果你看到树懒，请不要尝试抱起它。它们会咬人，而且它们的爪子很锋利。最好交给专业人士来处理。

发现树懒

在哪儿能看到它们？

在热带雨林中最高的树枝上。如果在城市里迷路，它们可能会悬挂在电线上或者横穿马路。

何时能看到它们？

一年四季随时都可以在树上发现它们。保持安静，邀请熟悉这一地区的向导一起去。

倾听它们的声音

“呃——呃——呃……”——树懒长而尖厉的叫声，与森林中发出的“吱吱，吱”的叫声相呼应，那是树懒宝宝呼唤妈妈的声音。

超人气水手：江獭

新加坡，新加坡市

新加坡以高耸入云的摩天大楼、繁华的购物中心以及干净整洁的街道而闻名。这里也是世界上绿色植物最多的城市之一。这里拥有植物和花卉种类丰富的植物园、一个热带雨林自然保护区、一个动物园和一个生活着约 400 种鸟类的鸟类公园。新加坡最著名的野生动物是江獭，它们就在距市中心几分钟车程的水道中嬉戏，以鱼类为食。

拉丁名：*Lutrogale perspicillata*

分类：鼬科（哺乳动物，包括水獭、狼獾、鼬、雪貂等）

体长：身长 59—64 厘米，尾长 37—43 厘米

保护现状：易危

分布：东南亚、南亚和伊拉克小部分地区

举世闻名的滨海湾住着一个江獭家族，就在豪华的滨海湾金沙酒店前面的小道附近。

城市生活

在 20 世纪 70 年代，人们认为江獭在新加坡消失了。多年的内河交通及河岸上的工业生产导致河道中充满了垃圾，水体也由于污染而变成了黑色。从那时起，人们开始清理水道，渐渐地江獭又回来了。如今，大约有 70 只江獭生活在这座城市里，它们喜欢为路人表演。

围观江獭

在新加坡当地人和游客中，江獭拥有大量的粉丝。它们甚至拥有自己的社交账号，人们可以记录水獭的踪迹并上传照片和视频。

昂贵的零食

如今，新加坡的河道和水库里又有了各种鱼类，这样江獭就有大量的食物可以吃了。但是它们总是喜欢在深夜潜入高级酒店和私人住宅，偷食鱼池中的观赏用锦鲤。

据说，江獭一晚可以吃掉价值 80000 美元的锦鲤。

适应城市

新加坡的江獭以令人惊讶的方式适应城市生活。

1. 一些新加坡的江獭就像在野外生活一样，在沙洲或者高高的草丛中挖洞筑巢。但是图中这个家族却在一条水泥管道里安家落户。

2. 寻找晒太阳的最佳地点不总是那么容易。有人拍到这只勇敢的江獭正沿着梯子从下水道里爬上来。

3. 江獭利用滨海湾水库的倾斜石墙很容易就能爬出水面。

保护江獭

新加坡人乐于关照江獭。城市中到处都有告示牌，告诉你如果发现江獭后应该怎么办。

如果遇到江獭怎么办?

· 请勿触摸、追逐或围困江獭。

· 远距离观察它们。

· 如果你在遛狗，请牵好狗绳。

· 请勿大声喧哗或使用闪光灯。

· 不要投喂江獭。

· 请勿将垃圾或其他尖锐物品扔进水中。

花园中的城市

新加坡市是世界上绿色植物最多的城市之一。它的混凝土天际线正在被绿色的摩天大楼取代，这些建筑拥有郁郁葱葱的屋顶花园，以及爬满植物的墙壁。在滨海湾花园，有一片 50 米高的“擎天树林”，这是一片覆盖着成千上万种植物的金属建筑。

城市中的海洋生物

城市水道也是其他亲水哺乳动物的家园。在美国圣弗朗西斯科（旧金山），自 1989 年以来，海狮就一直在“渔人码头”搬运食物。对于海狮来说，渔人码头是一个远离捕食者的安全场所，而且到处都有美味的鲱鱼可以享用。

来自世界各地的人们来到 39 号码头观赏著名的海狮。

发现水獭

水獭会留下粪便，好让其他水獭知道这里是它们的住处。

重要提示

留意它们在泥泞的河岸上留下的蹼状痕迹。

水獭喜欢躺着滚下河岸。注意观察它们留下的“划痕”，这些痕迹常与脚印交替出现。

在哪儿能看到它们?

水獭已经在世界各地的城镇卷土重来。在河流、水库和湖泊附近可以找到它们。

何时能看到它们?

它们在早晨和傍晚最活跃，此时它们喜欢做的第一件事就是捕猎。

倾听它们的声音

水獭非常“健谈”，彼此之间会用嗒嗒声、口哨声和鸣叫声来交流。它们感到威胁时，会发出嗞嗞声或者咆哮声。

温柔的巨虫：惠灵顿树沙螽

新西兰，惠灵顿

粗大的后腿适于奔跑和跳跃。

它们的身体没有翅膀，而且闪闪发亮。

惠灵顿树沙螽的“耳朵”就位于它们的前膝下面，可以感觉到周围的振动，也就是“听”到声音。

强有力的下颚像剪枝钳一样，用于切碎和咀嚼叶子。

新西兰的首都惠灵顿是世界上自然风景最优美的城市之一。大群的海豚和逆戟鲸在港口出没；小蓝企鹅一摇一摆地穿过街道，前往它们的巢穴；一群海鸥潜伏在码头边上，寻找三明治。与此同时，一种像老鼠一样大的巨型昆虫藏在郊外的灌木丛中，这就是惠灵顿树沙螽。它长着弯曲的大颚和多刺的腿，看起来很恐怖，但它们可能更怕你！

拉丁名： *Hemideina crassidens*

分类： 丑螽科（一类昆虫，包括沙螽、巨沙螽等）

体长： 4—7 厘米

保护现状： 无危

分布： 新西兰

城市生活

沙螽是新西兰特有的动物，它们只在这里生活，有70多个不同的种类，但是最常见的一种就是惠灵顿树沙螽，几乎在新西兰每个城镇的花园中都能找到它们。它们白天的大部分时间，要么躲藏在树上或者倒下的原木上的洞穴中，要么就藏在建筑物的缝隙中或花园的棚屋里，或者瓦楞钢板的皱褶里，甚至是潮湿的靴子里。

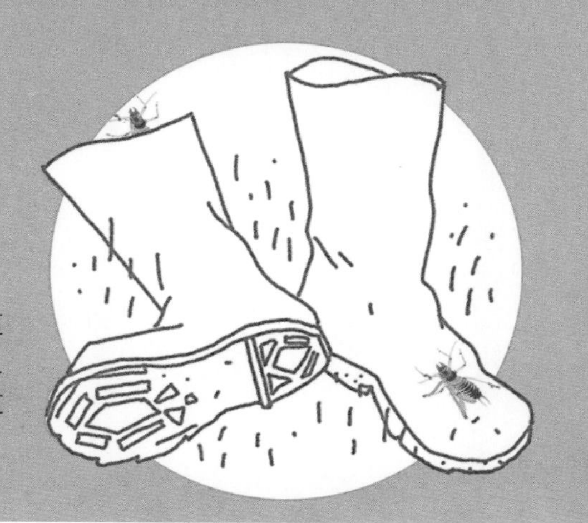

新西兰人知道在穿上长筒雨靴之前，一定要先倒过来抖一抖。

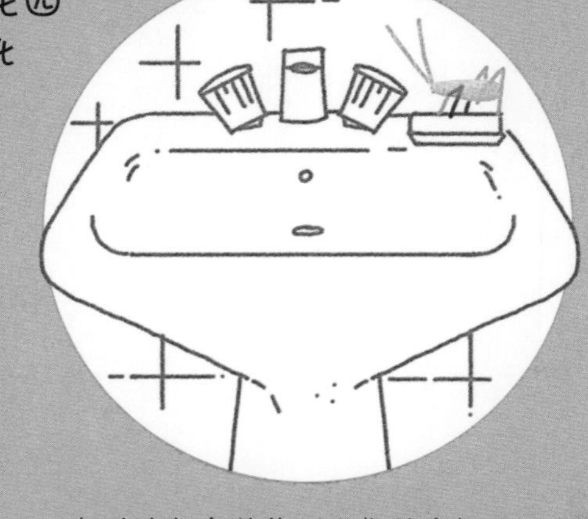

有时沙螽会游荡到人们的房间里。如果你在家中发现一只沙螽，记得把它放归到旁边有茂密灌木丛的花园里。

当一只沙螽感到害怕时，它会把两条长长的带尖刺的腿举起来，让自己看上去尽可能大。

昆虫军队

根据毛利人的传说，当世界开创之时，沙螽是冥界之神维罗招募的昆虫军队的成员，维罗招集它们想打败他的兄弟森林之神塔恩。塔恩招来风神助战，最终赢得了战斗。他把所有的昆虫带到地球作为囚犯，并把它们放到森林中，于是沙螽在那里一直生活到现在。

沙螽与猫

沙螽看上去很吓人，但是大部分种类都是温柔的动物，需要得到保护。它们已经存在了大约1.9亿年，但是在人类将猫、刺猬等哺乳动物引入新西兰之后，沙螽的数量急剧减少。

沙螽旅馆

新西兰各地的人家都在后院开设了沙螽旅馆来营救沙螽。这些旅馆为无家可归的沙螽提供了安全的藏身之处，这也是一种近距离观察这些超大爬虫的好方法。

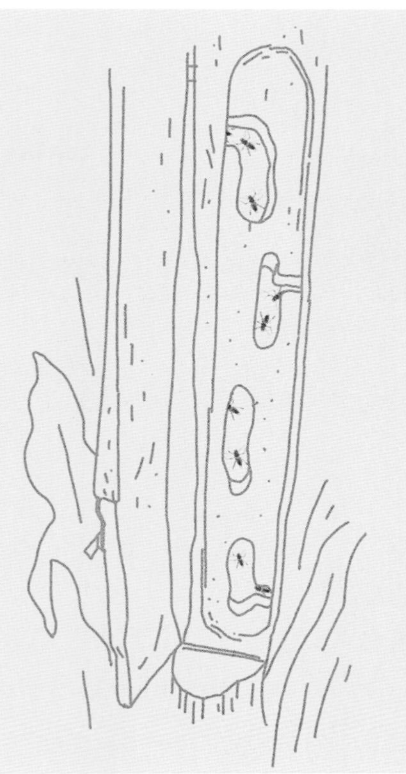

- 沙螽旅馆用挖空的木头制成，并设有不同的房间供沙螽居住。有些房间还有门，你可以打开看看里面住着的客人。
- 沙螽旅馆应放置在靠近植被的地方，这样沙螽就不必走很远去捕食。
- 旅馆的入口必须狭窄，以防捕食者入侵。

发现沙螽

在哪儿能看到它们？

在沙螽旅馆、树林、灌木丛和其他潮湿、黑暗的地方。

何时能看到它们？

看到它们的最佳时间是晚上，那时它们从藏匿的洞穴中出来取食叶子、种子和花朵。它们最喜欢的出洞时间是温暖、潮湿、暗黑无月的夜晚。

倾听它们的声音

“沙——沙——沙” 的声音是它们把双腿抵在身体上摩擦所发出的声音。

勤劳的农夫：无刺蜂

巴西，里约热内卢

当地的养蜂人使用旧花盆、椰壳、塑料瓶和其他可回收容器制作蜂巢。

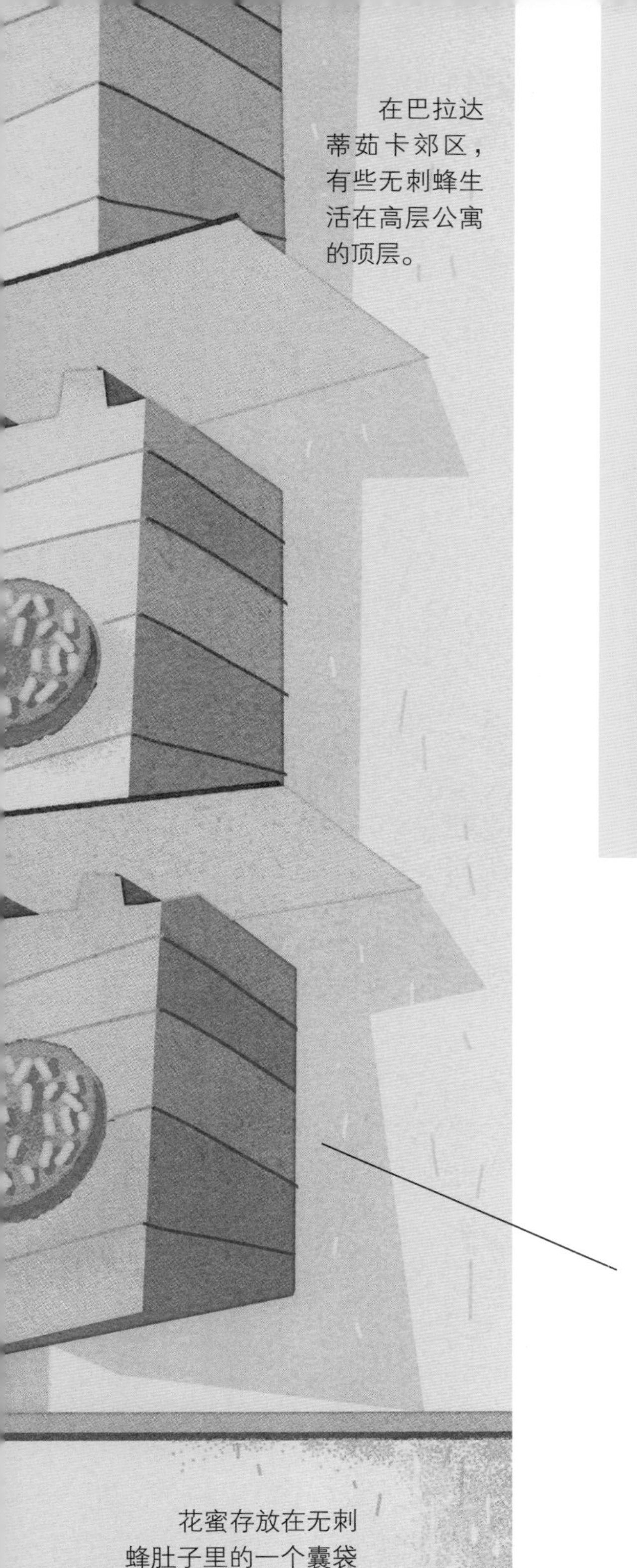

在巴拉达蒂茹卡郊区，有些无刺蜂生活在高层公寓的顶层。

花蜜存放在无刺蜂肚子里的一个囊袋中，等到它们回到蜂巢，就会再把花蜜吐出来。

里约热内卢因热带海滩和盛大的狂欢节而闻名，这里也是众多野生动物的家园。黑色的兀鹫在灯柱上晒日光浴；顽皮的卷尾猴潜入民宅偷水果，比如濒临灭绝的金罗望子；豹猫和树懒在城市周围辽阔的森林中闲逛。这里最小的，也是最有益的动物居民就是无刺蜂。它们不仅帮忙给水果和其他农作物传粉，还会酿制香甜可口的蜂蜜。

这里的养蜂人为无刺蜂提供了安全的生活场所。作为回报，这些无刺蜂为花朵和农作物传粉，并酿制蜂蜜。

里约热内卢是许多酿造蜂蜜的无刺蜂的家园，其中包括 5 毫米长的雅塔伊无刺蜂。

分类： 蜜蜂科（蜜蜂）

体长： 1.5—11 毫米

保护现状： 根据种类不同而异

分布： 中南美洲大部、非洲大部、东南亚、澳大利亚局部

城市生活

蜜蜂是世界各地森林和野外其他地方最重要的传粉者之一。但是，随着越来越多的森林和野外空间被毁掉，城市成了蜜蜂的重要避难所。城市里温暖又舒适，有很多角落可以藏身。

都市里的蜜蜂在树洞、废弃的老鼠洞、墙壁缝隙、旧垃圾桶或储物桶中搭建蜂巢。

花朵的力量

野外栖息地的丧失和农药的使用导致世界各地蜜蜂的数量不断减少，有些物种面临着灭绝的风险。对于喜欢花粉的昆虫来说，城市是丰富的食物来源地，这要归功于自然保护区、花园、菜园、墓地、公园、停车场、道路边缘的绿地，甚至是高层建筑物的顶上生长的各种花。

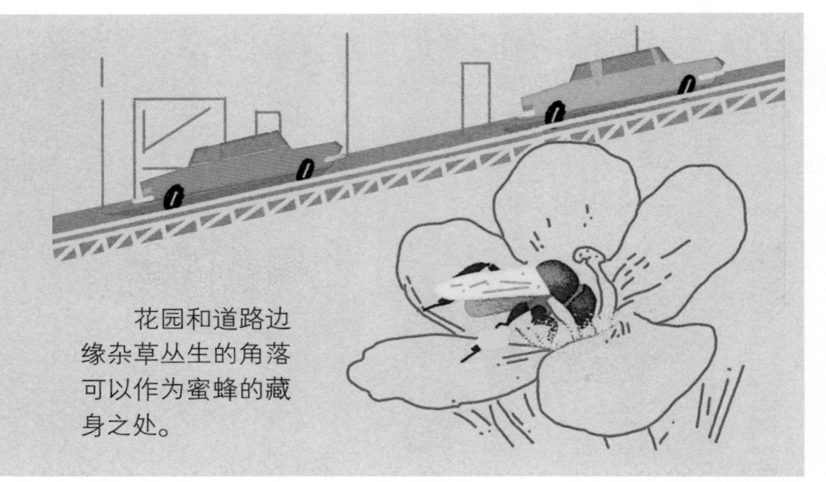

花园和道路边缘杂草丛生的角落可以作为蜜蜂的藏身之处。

小小农夫

每次当这些忙碌的小昆虫拜访一朵花时，一些花粉就会黏附在它们毛茸茸的身体上，然后这些花粉被传到其他花朵上。这能让花朵形成种子，种子又会长成新的植物。实际上，我们所吃的食物的三分之一都归功于蜜蜂和其他传粉者。

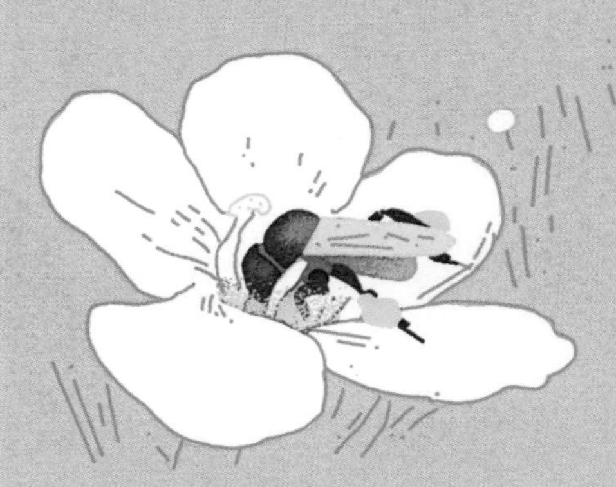

从苹果、草莓、梨和李子，再到西红柿、红花菜豆和洋葱，蜜蜂可以帮助各种水果和蔬菜生长。

拯救蜜蜂

蜜蜂也需要我们的帮助。在我们住的地方周围种植开花植物，并建立一个对蜜蜂友好的空间，可以帮助本地蜜蜂恢复种群数量。设立蜜蜂旅馆将为它们提供安全的产卵场所。你也可以利用旧的塑料瓶和一些空心木棍制作蜂巢。

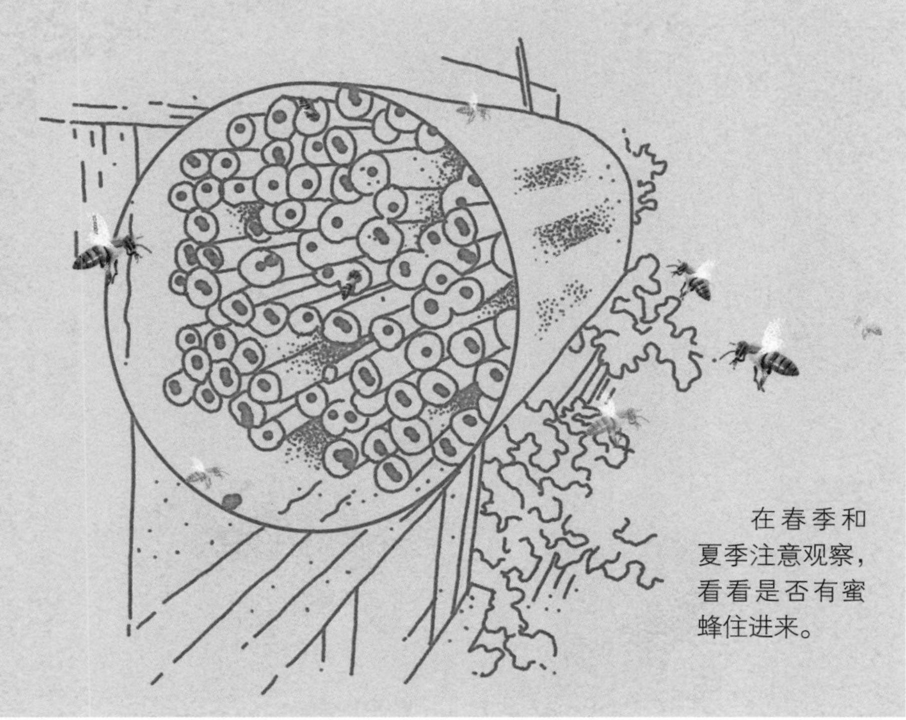

在春季和夏季注意观察，看看是否有蜜蜂住进来。

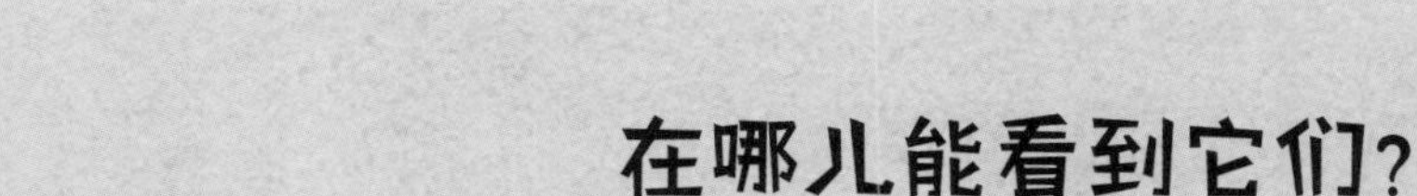

发现蜜蜂

在哪儿能看到它们？

在花园、公园、菜园和绿地，或者在蜜蜂旅馆附近的花草植物中可以看见它们飞来飞去。

何时能看到它们？

在温暖、阳光明媚的日子里，它们取食花粉。

倾听它们的声音

低低的嗡嗡声。

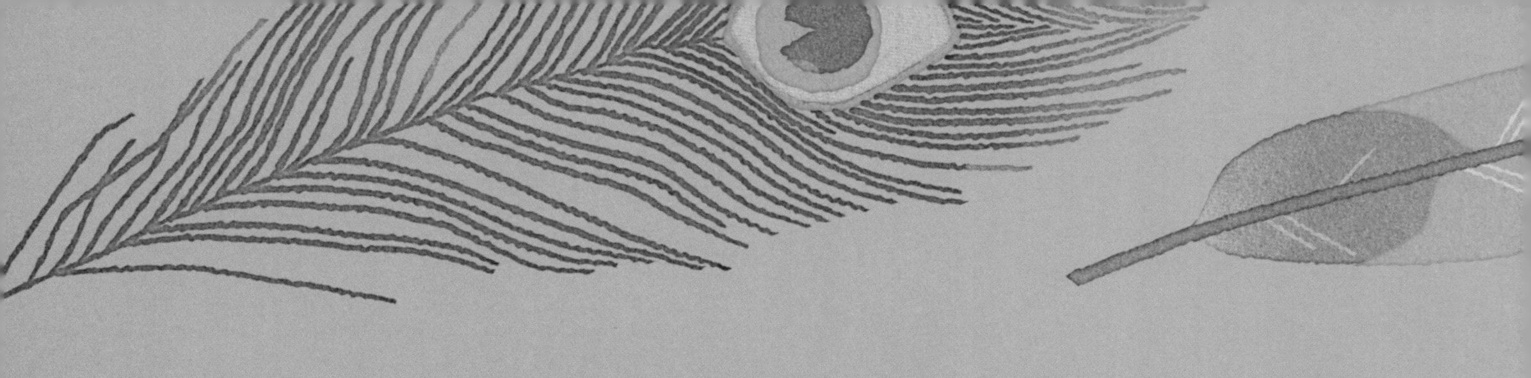

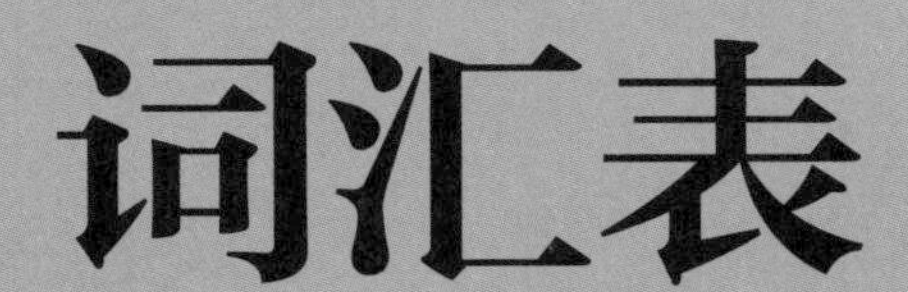

词汇表

哺乳动物： 一种用肺呼吸空气的恒温动物，有脊椎，还有毛皮或毛发。大部分雌性哺乳动物都会产下活的幼体，而不是产卵，并用乳汁喂养它们的后代。

捕食者： 杀死并吃掉其他动物的动物。

触角： 在昆虫和甲壳类动物的头上发现的细长、可移动的器官，动物用它们来感觉和嗅探周围的事物。

花粉： 花朵产生的一种极细小的尘埃状颗粒，可使植物长出种子。花粉会被风或蜜蜂和蜂鸟这样的动物从一棵植物带到另一棵植物。

花蜜： 一种很甜、含糖的液体，由植物的花产生，可吸引传粉动物。

喙： 鸟嘴硬而尖的部分，用于进食、理羽、打架和求偶。

郊区： 城镇或城市的边缘地区，那里主要分布着房屋、学校和商店，大型建筑物较少。

昆虫： 有六条腿的一类小型无脊椎动物，例如螳螂、蚊子。

猎物： 被另一只动物猎杀并食用的动物。

觅食： 寻找食物的行为。

爬行动物： 一类变温的，用肺呼吸空气的动物，它们有脊椎，身上有鳞或甲，而不是毛发或羽毛。

栖息地： 一种动物、植物或其他生物的天然家园。

生物多样性：一个栖息地或有许多不同种类的动植物的地区的一种特征。

适应：生物改变行为，以适合在新的环境生活。

伪装：某些动物演化出一定的颜色和外形，以便与周围环境融为一体。

羽毛：鸟类身上的覆盖物。

植被：一个地区的植物。

（本书文字由英国儿童科普作家凯特·贝克创作，插画由纽约插画师协会金奖获得者、意大利插画家吉安卢卡·富利创作。）